MÉMOIRE

SUR LES EXPÉRIENCES AÉROSTATIQUES

FAITES PAR MM. ROBERT FRERES,

Ingénieurs-Pensionnaires du Roi.

A PARIS,

DE L'IMPRIMERIE DE PHILIPPE-DENYS PIERRES, Imprimeur Ordinaire du Roi, &c. N. P.

M. DCC. LXXXIV.

MÉMOIRE

SUR LES EXPÉRIENCES AÉROSTATIQUES.

La découverte des Machines Aéroſtatiques ayant fixé l'attention de l'Europe entière, nous ſentons vivement combien il eſt glorieux pour nous de contribuer en tout ce qui eſt en notre pouvoir à l'honneur de notre Nation, dont les ſuffrages ont en quelque ſorte devancé nos dernieres Expériences ; l'intérêt que le Public a paru y prendre ſemble exiger de nous des détails qui deviennent en conſéquence l'objet de ce Mémoire.

Nous n'eûmes pas plutôt fait notre premiere Expérience, avec M. Charles, au Champ de Mars, que nous nous occupâmes de conſtruire un Ballon de 26 pieds de diamètre avec les mêmes procédés, puiſque nous avions la certitude de l'imperméabilité & de la ſolidité des étoffes ; après différentes Expériences néceſſaires que nous fîmes avec M. Charles, nous annonçâmes le projet que nous avions formé de nous élever dans l'atmoſphère & de nous y maintenir à une hauteur donnée. Ce fut alors que la jaloufie & l'ignorance fe réunirent pour ridiculifer une Expérience qui nous devint d'autant plus glorieufe qu'elle leur arracha des applaudiffemens pour ainfi dire involontaires. Nous n'avions point été arrêtés par la rigueur de la faifon, ni par la difficulté de remplir, pour la premiere fois, une capacité de 10000 pieds cubes d'air inflammable ; nous nous étions fervi en grand pour cette opération de tonneaux au lieu de flacons de verre, employés par Prieftley *, & dont l'ufage étoit connu depuis longtems dans les Cabinets de Phyfique.

Nous avons cru devoir employer un filet de préférence à tout autre moyen pour appendre notre Char à la Machine fans fatiguer fa partie fupérieure, & pour que la pefanteur totale de notre Char fe répartît également fur tous les points de l'hémifphère fupérieure de notre Ballon. Nous avions placé à la partie fupérieure une foupape deftinée à laiffer échapper de l'air inflammable, pour éviter une trop grande dilatation & pour nous fixer aux termes de hauteur donnés.

Depuis le moment de cette Expérience, faite au Jardin royal des Tuileries le premier Décembre 1783, on l'a répétée de toutes parts fous les mêmes formes & avec les mêmes procédés ; les têtes fe font échauffées pour trouver

* Il eft de l'équité & du devoir de rendre à ce grand Homme ce qui lui appartient; & comme il n'y a point de moyens plus fimples pour faire une grande quantité d'air inflammable à la fois & en peu de tems que de fe fervir de vaiffeaux plus grands, nous n'aurons point la ridicule prétention de vouloir nous faire un mérite d'un procédé qui ne nous appartient nullement.

un autre gaz moins coûteux ; l'on en a promis de toutes sortes avant même de savoir si l'on en trouveroit, probablement que tous ceux qui se sont si fort avancés ont cru que leur promesse devoit tenir lieu d'effet.

Nous fûmes chargés vers le commencement du mois de Mars de l'année suivante, de construire un Aérostat pour Monseigneur le Duc de Chartres. A cette époque on étoit dans la force des projets de moyens de direction ; on en voyoit de toutes sortes orner les Quais & courir les Cafés ; la plupart sembloient avoir été composés pour faire ressortir l'ignorance de leurs auteurs ; les autres sembloient offrir le comble du ridicule : le projet seul des voiles fut celui qui parut réunir le plus de suffrages.

Nous croyons devoir nous arrêter un moment ici pour appuyer les raisons qui nous ont empêché d'employer les voiles ; considérons, pour rendre la chose sensible, quel est l'état d'un vaisseau sur la mer : il est supporté par un fluide très-dense, & les voiles présentent dans un autre fluide beaucoup plus rare une surface dont la modification ou la vîtesse du vent accélèrent plus ou moins sa marche. Considérons donc que le fluide sur lequel porte le vaisseau est 850 fois plus dense que le milieu dans lequel sont plongées les voiles : considérons encore qu'il est essentiellement nécessaire que le fluide qui porte le vaisseau soit d'une densité telle qu'il fasse par la résistance éprouver un retard au vaisseau pour que les voiles puissent s'enfler ; considérons enfin que si le vent est trop violent, la densité du fluide sur lequel nage le vaisseau ne suffit point pour le retenir, & qu'alors on est obligé de plier ses voiles.

Il paroît bien naturel de conclure d'après ces faits qu'il feroit ridicule, abfurde même, de vouloir adapter des voiles à un Aéroftat, & qu'en fuppofant même ces voiles dans un courant d'air beaucoup plus accéléré que celui dans lequel plongeroit l'Aéroftat lui-même, il feroit de toute impoffibilité qu'il ne fe renversât point avec fes conducteurs, par la raifon trop bien fentie que la réfiftance d'un milieu beaucoup plus denfe pour la machine eft une condition indifpenfable pour l'ufage des voiles.

Nous cherchâmes donc dans la nature des moyens; le poiffon qui avoit déja fervi à M. Charles pour expliquer fi clairement l'équilibre de l'Aéroftat, nous offrit à-peu-près des moyens de direction : en effet, pourquoi nous feroit-il plus difficile de prendre un point d'appui dans l'air qu'il ne l'eft au poiffon de le prendre dans l'eau, puifque la différence n'exifte que dans la grandeur des arcs parcourus, dans les furfaces & les vîteffes qui doivent être relatives aux denfités des fluides? Nous nous occupâmes enfuite à voir quelle devoit être la forme des Aéroftats, & nous cherchâmes dans les figures géométriques celles qui pourroient nous être les plus avantageufes par le rapport des furfaces & des folidités; nous décidâmes de conftruire une fphère, de la partager par le milieu & d'ajouter entre les deux hémifphères un cylindre qui avoit pour longueur les deux tiers du diamètre de la fphère.

Cette forme nous offrit d'abord l'avantage d'augmenter la folidité du double & de diminuer la furface d'un quart. Il s'agiffoit d'appendre à cet Aéroftat une gondole de la longueur du cylindre pour avoir la liberté d'atteindre &

d'agir à tous les points de la Machine. On nous objecta bientôt qu'en nous portant à l'une des extrémités de cette gondole nous la ferions incliner d'une maniere dangereuse; nous donnâmes sur le champ l'expérience du contraire. Nous avions fait faire ce modèle en petit, dans les proportions de pouces pour pieds de la Machine de Monseigneur le Duc de Chartres.

Nous démontrâmes qu'en portant un tiers du lest à l'une des extrémités de la petite gondole, le modèle d'Aérostat n'éprouvoit aucune inclinaison; nous en prîmes ensuite les deux tiers, & l'Aérostat ne s'inclina que très-peu sensiblement; nous portâmes ensuite la totalité à la même extrémité, & l'inclinaison fut reconnue n'être pas telle qu'on ne pût s'exposer sans la moindre crainte dans un semblable cas.

Nous n'eûmes pas de peine à faire sentir que la petite gondole ne s'inclinoit aussi difficilement qu'en raison des grandes surfaces que présentoit l'Aérostat dans les parties supérieures & inférieures. Ces surfaces donnoient à la Machine une inertie telle qu'il n'y avoit aucunes oscillations, & que le mouvement communiqué à la gondole, forçoit la Machine de marcher en avant.

En effet, en considérant toutes les machines propres à la navigation, on voit qu'elles ont été toutes construites dans une forme longue; il ne paroît pas même qu'on ait jamais tenté de construire des Machines hémisphériques pour les diriger. L'un de nous a éprouvé, dans la premiere Expérience des Tuileries, qu'en se portant en avant d'environ un pied dans le Char, on changeoit le centre de gravité de la Machine ſphérique, & qu'en agitant les pavillons on lui faiſoit éprouver des oſcillations très-conſidérables.

D'après cette Expérience, nous fûmes bien éloignés de nous ſervir de cette même Machine pour eſſayer des moyens de direction ſans la changer de forme, quoiqu'elle fût en très-bon état. Que devions-nous donc penſer des brillantes promeſſes qu'on faiſoit journellement au Public de diriger des Machines ſphériques ? Que devions-nous donc penſer de ceux qui alloient ſur-tout juſqu'à vouloir perſuader qu'ils s'étoient dirigés avec ces mêmes Machines ?

Nous conſtruisîmes, comme nous l'avons dit, un Aéroſtat de 52 pieds de long, & de 30000 mille pieds cubes de ſolidité, dans le Parc de Saint-Cloud ; nous y éprouvâmes les viciſſitudes du froid, d'une chaleur exceſſive, & de la pluie en différens tems ; on ne s'étoit jamais imaginé juſqu'alors d'empriſonner 30000 pieds cubes d'air atmoſphérique dans une enveloppe imperméable; cette Machine nous ſervoit parfaitement de thermomètre, puiſqu'un demi-degré de différence dans la température changeoit très-ſenſiblement la tenſion de la Machine ; vers le milieu du mois de Juin le thermomètre étant à 20 degrés au-deſſus de zéro, nous entrâmes dans la Machine avec un autre thermomètre qui monta à 38 degrés ; quoique la raréfaction fut grande, notre Machine ne s'aviſa point de quitter la terre, & nous n'eûmes pas le plaiſir de voir un phénomène, qu'on a plaiſamment attribué à une raréfaction, tandis qu'il n'étoit certainement dû qu'à la priſe d'un vent très-violent, ainſi que nous l'avons éprouvé le 24 du mois de Juin.

Cette chaleur exceſſive étoit ſans contredit occaſionnée par la denſité, le poli & le tranſparent de l'étoffe.

Pluſieurs jours après, nous introduiſîmes dans la Machine un baromètre, nous eſſayâmes de comprimer l'air intérieur avec des ſoufflets, & nous eûmes une compreſſion exprimée par 3 lignes de mercure; comme cet inſtrument ne nous parut pas ſuffiſant pour connoître toutes les différentes compreſſions de la Machine, nous en imaginâmes un autre rempli d'une liqueur quinze fois moins denſe, & alors les plus petites variations nous devinrent très-ſenſibles.

Nous avions introduit dans l'Aéroſtat un petit Ballon pour faire pluſieurs expériences; différentes circonſtances nous empêchèrent d'obtenir ce que nous avions lieu d'en attendre, ainſi qu'on peut le voir par le détail que nous en avons donné dans le Journal de Paris, N° 201. Nous devons cependant avouer que cette Expérience nous a donné des connoiſſances eſſentielles ſur les compreſſions, les dilatations, & les différents états de l'atmoſphère, dont la théorie étoit inſuffiſante; & nous rendons en ce moment un hommage dû à M. Charles, relativement à ſa prédiction que la direction des Aéroſtats ne ſeroit jamais que le fruit des tentatives & des Expériences réitérées.

Dans le tems de cette ſeconde aſcenſion, on s'efforçoit plus que jamais de donner du crédit aux riſques que devoient courir ceux qui ſe haſarderoient dans de pareilles Machines au milieu d'un nuage électrique; nous croyons devoir raſſurer ſur de ſemblables craintes ceux qui s'intéreſſent au ſalut de l'humanité, & combattre ceux que la prévention ou l'ignorance ont aveuglés.

Il eſt d'abord impoſſible qu'un Aéroſtat paſſant à travers un nuage électrique éprouve ou inflammation ou détonation.

Pour qu'il y eût inflammation, il faudroit ſuppoſer des émanations très-abondantes à travers le tiſſu de l'étoffe, condition qui ne peut pas avoir lieu, puiſque nos Machines ſont imperméables ; & quand même cet atmoſphère inflammable auroit lieu, il faudroit encore le contact immédiat du feu, même de la flamme.

Pour qu'il y eût détonation, il faudroit une combinaiſon de deux tiers d'air atmoſphérique, & un tiers d'air inflammable.

Il ne pourroit y avoir d'étincelle électrique dans l'atmoſphère, qu'autant que deux nuages ſe rencontreroient, & que l'un de ces nuages ſeroit poſitif, & l'autre négatif. Il ne pourroit encore y avoir inflammation qu'à la rencontre de deux nuages poſitifs, dont l'un laiſſeroit échapper juſqu'à terre une grande quantité d'eau qui lui ſerviroit de conducteur ; dès ce moment, devenant négatif envers l'autre, il en recevroit une étincelle ſpontanée, qui venant à paſſer à travers un atmoſphère inflammable, néceſſiteroit l'inflammation.

Il y a d'ailleurs un moyen très-ſimple de parer à tous ces événements, puiſqu'il eſt facile de juger l'approche de l'orage, & de s'élever au-deſſus.

Tandis que nous nous travaillions à chercher des moyens

moyens de direction, M. Charles s'occupoit à 40 lieues de Paris, à faire defcendre l'étincelle foudroyante du nuage orageux, & à la faire paffer à travers un Ballon rempli d'air inflammable ; & il n'en eft jamais rien réfulté au défavantage de nos machines. Nous n'anticipons point ici fur les détails de ces Expériences intéreffantes, dont ce Profeffeur rendra probablement compte inceffamment dans fes Cours.

Pendant la conftruction de notre Aéroftat de Saint-Cloud, nous avons fait diverfes expériences relativement aux forces que nous devions employer pour la direction.

L'expérience avoit appris qu'un homme pouvoit journellement dépenfer fur des rames plongées dans l'eau, une force de 54 à 60 livres, en y comprenant l'inertie de ces rames; nous avions dès lors une connoiffance certaine de la force qu'on pouvoit communiquer à toutes efpèces de machines appliquées à un Aéroftat.

Nous décidâmes de conftruire en taffetas deux rames circulaires de 6 pieds de diamètre, & par conféquent 28 pieds de furface, adaptées à un levier de 16 pieds 6 pouces ; après avoir fait tranfporter fur le grand réfervoir de Saint-Cloud un batelet dont la furface & la réfiftance nous étoient connues, nous effayâmes combien il nous faudroit de temps avec ces rames pour parcourir une efpace donné comparativement à celui qu'il nous faudroit avec les rames ordinaires d'un batelet plongées dans l'eau. Nous fentîmes que leur réfiftance abforberoit la force de deux hommes, & que leur longueur rendoit pénible la manœuvre ; nous les diminuâmes donc progressivement jusqu'à ce qu'elles employassent un peu plus que la force ordinaire d'un homme ; leur réduction de surface eut lieu jusqu'à 12 pieds, & jusqu'à 10 pieds la longueur de leur levier, dont le point d'appui étoit aux quatre cinquièmes de la surface résistante.

Après ces différentes Expériences nous voulûmes comparer l'action des rames ordinaires avec les nôtres. Nous essayâmes avec un batelet & des rames ordinaires de parcourir un espace donné de 500 pieds, & nous y employâmes 30 secondes. Nous remontâmes notre batelet au même endroit, & nous répétâmes la même Expérience avec nos rames de taffetas, nous vîmes avec plaisir qu'elles avoient dans l'air l'avantage d'un sixième sur celles plongées dans l'eau.

Nous essayâmes ensuite de mettre une rame ordinaire dans l'eau, & une de taffetas dans l'air : ces dernières avoient toujours un avantage bien supérieur.

Nous ne nous sommes pas tenus à ces résultats satisfaisants de nos Expériences multipliées sous différentes formes pendant deux mois ; nous avons suspendu notre gondole au bout de quatre cordes de 80 pieds, ce qui nous donnoit un pendule très-long & un frottement insensible ; nous avons ajouté deux de nos rames à cette gondole, & ensuite fixé horizontalement à la partie inférieure d'une de ses extrémités une romaine arrêtée par un point isolé de cette gondole. La manœuvre de deux de nos rames nous fit prendre un point d'appui dans l'air égal à 90 livres, & la manœuvre de quatre rames nous donna depuis

120 jusqu'à 180 livres alternativement & sans fatigue, d'où nous conclûmes qu'on pouvoit établir la force moyenne à 140, & qu'un Aérostat conduit par quatre de nos rames pourroit résister à une force continue de 70 livres.

On sait que les rames ordinaires pesent communément depuis 30 jusqu'à 40 livres, tandis que les nôtres ne pèsent que 7 livres; conséquemment la force nécessaire pour vaincre l'inertie des premières se trouve répartie presque totalement à l'avantage de celles de taffetas.

Nos rames ont paru de petits joujoux aux yeux de quelques personnes qui sont sans doute plus accoutumées à voir ce qu'elles appellent en grand qu'à raisonner : ou notre constitution physique devoit nous mettre au-dessus, nous ne dirons pas de la force, mais de la foiblesse de l'homme, ou nos machines devoient se borner à nos forces naturelles, c'est ainsi du moins que nous l'avons pensé; il est encore reconnu en Mécanique, n'en déplaise à ceux dont nos rames ont blessé la vue, que les machines les plus légères, quand elles ne perdent pas de leur essentielle solidité, sont presque toujours celles qui produisent le plus d'effet par l'action libre & précipitée qu'on peut alors leur imprimer; & c'est sur-tout dans un Aérostat où la légéreté des machines doit être considérée. On ne peut se refuser à sentir combien il est important de ménager la pesanteur dans un Aérostat, puisqu'il est impossible d'y employer des forces mécaniques qui pourroient être infiniment supérieures à celles de l'homme, considérées relativement à leur légéreté & comme forces simples; mais quel sentiment peut-on communiquer à des machines dans ce cas où l'intelligence doit continuellement être en action? Il eſt donc indiſpenſable de ſacrifier la méca-nique à l'adreſſe de l'homme, & la peſanteur des machines à ſa foibleſſe.

Notre opinion conſtamment fixée relativement à la forme de notre Machine Aéroſtatique & à nos moyens de direction, nous avons répété une troiſième Expérience pour la ſeconde fois aux Tuileries, le 19 du mois de Septembre de cette année.

En conduiſant notre Aéroſtat de l'entrée de la grande allée à l'eſtrade conſtruite ſur le baſſin qui fait face au Château, la multitude qui ſe porta ſur notre gondole pour voir ce qu'elle renfermoit, nous briſa la rame qui étoit à la poupe de notre gondole pour faire tourner la machine à volonté. Cette rame devoit nous tenir lieu d'un gouvernail, parce que dans notre Expé-rience de Saint-Cloud celui dont nous nous étions ſervi en préſentant toujours une ſurface régulière au vent, lui avoit donné une priſe qu'il nous étoit devenu impoſſible de modérer quand elle avoit tourné à notre déſavantage.

Notre gondole chargée de 450 livres de leſt nous étions en équilibre à terre, nous y laiſsâmes 24 livres, à midi moins deux minutes à notre montre, le baro-mètre (1) au niveau de la mer à 27 pouces 10 lignes $\frac{1}{2}$,

---

(1) La ligne de mercure n'indiquant que 12 toiſes $\frac{1}{3}$, & les oſcillations de mercure étant trop grandes, nous avons fait conſtruire par M. Aſſier Perica, Ingénieur du Roi pour les inſtrumens météorologiques, rue Geoffroi-l'Anier, un baromètre marquant viſiblement les dixièmes de toiſes ſans oſcillations.

le thermomètre 18 degrés au-deſſus de zéro, & le vent ſud quart-ſud-eſt, nous nous élevâmes lentement. Comme la force du vent l'emportoit beaucoup ſur notre force aſcenſionnelle, nous prîmes le parti de jetter 8 livres de leſt pour éviter de toucher aux arbres; ayant alors un excès de légéreté de 32 livres, nous montâmes à 1300 pieds; pendant ce temps nous tournâmes la proue de notre gondole au vent, & nous eſſayâmes de virer vers l'oueſt. Au moment où nous commencions à tirer un parti aſſez avantageux de nos rames, une de celles de notre gauche qui avoit été très-fatiguée & même forcée près de ſa ſurface réſiſtante, finit de ſe caſſer & tomba environ à une lieue. Nous fûmes dès lors obligés de ſupprimer une des rames de notre droite, ne pouvant ramer avec trois. Si nous n'avions pas connu dans notre Expérience de Saint-Cloud toute la force de nos rames relativement à l'effort auquel elles peuvent réſiſter, nous en aurions pris quelques-unes de précaution dans notre gondole; mais n'ayant rien à craindre de ce côté, nous n'avions pas imaginé que le Public dût aſſez peu ſe contenir pour venir fondre par ſimple curioſité ſur nos Machines, comme il l'a fait.

Elevés à 1300 pieds, nous apperçûmes ſur l'horiſon vers le Sud, des nuages épais & noirs qui nous firent juger un orage prochain, nous ceſsâmes toutes manœuvres afin de monter & deſcendre pour chercher des courans plus rapides qui nous fiſſent gagner de vîteſſe pour éviter l'orage; les courans d'air étoient abſolument uniformes ainſi que nous l'éprouvâmes depuis 100 juſqu'à 700 toiſes.

Avec les deux rames qui nous reſtoient nous eſſayâmes de gagner de vîteſſe, & nous jugions à-peu-près de l'eſpace que nous parcourions par celui du ſpectre de notre machine peint ſur la terre par les rayons du ſoleil, nous apperçumes l'Iſle-Adam, peu de temps après le Château de M. de Perſan, & dans ſa cour une nombreuſe Compagnie du milieu de laquelle s'élevoit un bruit confus d'acclamations; nous deſcendîmes à 200 toiſes, & nous répondîmes à leurs applaudiſſements en hiſſant notre pavillon & en les ſaluant avec nos étendarts; nous ne tardâmes point à recevoir notre ſalut par deux coups de canon qui ſe ſuccédèrent très-promptement. Ce ſalut glorieux nous donna l'occaſion de remarquer que l'exploſion d'un coup de canon ne faiſoit éprouver aucune oſcillation aux Machines Aéroſtatiques, ainſi qu'on s'étoit plu à vouloir le perſuader. En continuant notre route nous ſommes remontés à 600 toiſes, & à 1 heure 50 minutes 8 ſecondes, nous entendîmes un petit coup de canon très-ſourd, que nous jugeâmes pouvoir être celui des Tuileries au moment de notre diſparution aux lunettes des Obſervateurs.

Nous parcourions par la vîteſſe du vent 24 pieds par ſeconde, & la manœuvre de nos rames nous favoriſoit près d'un tiers. Arrivés dans les environs de Beauvais au-deſſus d'une immenſe plaine, nous entendîmes un petit coup de tonnere, à 3 heures 35 minutes; nous ne doutâmes point que l'orage ne paſsât ſur Paris. A 3 heures 45 minutes 15 ſecondes nous entendîmes un ſecond coup de tonnerre beaucoup plus fort. Le thermomètre étoit alors à 20 degrés au-dessus de zéro, il descendit subitement à 13 degrés. L'hygromètre marquant 80 degrés, nous ressentîmes un froid qui nous obligea de remettre nos habits ; nous descendions avec une rapidité occasionnée par une condensation subite sur une portion de forêt; étonnés de nous voir si près des arbres en si peu de temps, nous jugeâmes bien que ce prompt changement de température étoit causé par l'orage, & comme nous n'étions pas à plus de 200 pieds des arbres, nous sentîmes la nécessité de sacrifier 40 livres de lest. Cette grande quantité avoit été jettée d'autant plus heureusement que nous ne montâmes avec un mouvement uniforme que de 100 pieds par 64 secondes, ce qui nous fit sentir que le froid & la condensation agissoient toujours sur notre Machine, puisque cette grande quantité de lest que nous avions jetté pour remonter le plus promptement possible auroit dû nous faire monter par un mouvement accéléré.

Quelques instants avant cette révolution dans l'atmosphère, nous avions éprouvé des pressions d'air inférieures & supérieures depuis 40 jusqu'à 60 pieds; nous sentîmes dès lors la nécessité de nous tenir à une certaine hauteur au-dessus des édifices, & dans le dessein de nous garantir de ces vapeurs froides & humides qui devoient nous faire dépenser une très-grande quantité de lest; nous nous élevâmes à 900 toises; nous profitâmes de cette ascension pour introduire un thermomètre dans l'appendice régulateur, & l'air inflammable qui en sortoit abondamment par la dilatation, fit monter ce thermomètre à 33 degrés au-dessus de zéro, ce qui nous fit connoître que la chaleur intérieure de notre Aérostat avoit 19 degrés de plus que la chaleur de l'extérieur. Le baromètre étoit alors à 22 pouces 6 lignes, le thermomètre à 14 degrés & l'hygromètre à 10 degrés de sécheresse. Dans cette région notre machine ne parcouroit pas d'elle-même 10 pieds par 5 minutes. Nous jouissions dans ce calme parfait de nos sensations mêmes sans en chercher l'objet; un doux enchantement s'étoit emparé de notre ame, & nous demeurâmes ensevelis quelques moments dans cette espèce de léthargie; nous nous regardions mutuellement sans nous voir, & personne ne pensoit à rompre le premier le silence. L'un de nous le fit cependant en disant : pourquoi nos amis ne sont-ils pas ici ! Cette réflexion nous affligea, nous cherchâmes à la distraire en nous efforçant de fournir les uns après les autres les expressions les plus énergiques pour rendre la pureté, le fini & l'harmonie des objets dessinés sur la terre.

C'étoit-là le moment d'essayer quelle puissance avoient nos rames. Nous cherchâmes le spectre de notre Machine sur la terre pour connoître l'espace que nous allions parcourir. L'un de nous s'empara des deux rames, & les faisant agir avec beaucoup de force nous rompîmes l'inertie de la Machine, & nous parcourûmes une ellipse dont le petit diamètre étoit d'environ 1000 toises. Outre ce spectre de notre Machine, nous avions encore pour objet de comparaison, les différentes pièces de terre très-distinctes les unes des autres, séparées par des lignes droites. Notre manœuvre dura environ 35 minutes : il

étoit

étoit alors 4 heures 30 minutes. Nous apperçûmes au-dessous de nous des nuages qui passoient avec rapidité du Sud au Nord. Nous descendîmes à la hauteur de ces nuages pour suivre leur courant qui étoit changé depuis le moment de notre départ. Le jour devant trop-tôt cesser, nous décidâmes de suivre ce courant pendant 40 minutes seulement, en gagnant de vîtesse avec nos rames, & en nous efforçant de dériver ; mais nous ne pûmes obtenir que 22 degrés de déclinaison sur l'Est. Nous continuâmes notre route à 350 toises pendant à-peu-près une heure 1 quart ; nous voulûmes essayer si les vents de terre étoient plus forts, & nous ne fûmes pas plutôt descendus à 50 toises, que nous rencontrâmes un courant excessivement rapide ; à quelque distance d'Arras nous apperçûmes un bois assez considérable, nous n'hésitâmes point de le traverser, quoiqu'il n'y eût presque plus de jour à terre, & en 20 minutes nous fûmes portés d'Arras dans la plaine de Beuvry, distant d'un quart de lieue de Béthune en Artois. Comme nous n'avions pû juger dans l'ombre le corps d'un vieux Moulin sur lequel nous allions porter, nous nous en éloignâmes avec le secours de nos rames, & nous descendîmes au milieu d'une assemblée nombreuse d'habitans ; ils ne furent point effrayés de voir notre Machine, attendu que *M. le Prince de Ghistelles - Richebourg*, Protecteur & Amateur zélé des Sciences, venoit de faire ce jour même une Expérience dont ils avoient été témoins. Ce Prince nous aborda avec le Prince son Fils ; ils nous demandèrent notre nom, & nous offrirent de nous rendre avec notre Machine à leur Château. Nous avions encore en facs de fable 185 livres, & environ 40 livres d'autre left. Nous fîmes tous nos efforts pour conduire notre Machine dans le Parc du Château, à l'aide de tous les habitans du Canton, qui se prêterent à nous obliger, & à conserver nos machines avec un zèle & une joie qu'il est difficile de peindre. En voulant traverser le village, nous rencontrâmes des arbres qui gênoient le passage de notre Machine; plusieurs des paysans étoient déja à leur sommet pour en élaguer les branches; quelques-uns vouloient couper les arbres mêmes; mais nous préférâmes de vuider notre Aérostat, & nous le transportâmes au Château, parce qu'il nous auroit été impossible de l'amarrer en plein-air, attendu que le vent souffloit avec trop de violence. *M. le Prince de Ghistelles-Richebourg* nous fit l'honneur de nous accueillir en son Château avec une bonté dont nous ressentons d'autant mieux le prix, qu'il nous est plus impossible de la rendre.

Il résulte de cette derniere Expérience que bien loin d'avoir été contre le vent, comme *certaines* gens prétendoient qu'il étoit possible de le faire d'une *certaine* maniere, & comme *certains* Aéronautes prétendent même l'avoir fait, nous n'avons obtenu, avec deux rames, que 22 degrés de déclinaison, il est cependant sûr que si nous avions eu la jouissance de nos 4 rames, nous en aurions pû obtenir environ 40; & comme notre Machine auroit été assez considérable pour porter sept personnes, il auroit donc été facile de monter cinq, de faire agir 8 rames, & d'obtenir à-peu-près 80 degrés.

Nous obſervons que ſi nous avons dérivé de 22 degrés, c'eſt parce que le vent ne nous faiſoit faire que 8 lieues par heure ; & il eſt naturel de juger que ſi la vîteſſe du vent eût été double nous n'aurions décliné que de moitié. Par la raiſon inverſe, ſi le vent eût eu le double moins de vîteſſe, notre déclinaiſon eût été plus grande en raiſon proportionelle.

Nous ſommes très-perſuadés que la direction d'un Aéroſtat dans l'aïr, doit toujours être comparée à celle d'un batelet ſur l'eau ; en ſuppoſant les forces conſtamment les mêmes, les angles que le batelet décrira ſeront toujours relatifs au courant plus ou moins rapide de l'eau ; & le plus ſimple Batelier, routiné à remonter pour traverſer la riviere de Seine, ne manqueroit pas de ſe montrer très-habile Phyſicien, s'il avoit à traverſer le Rhône.

Quoique nos Machines Aéroſtatiques aient paru très-grandes, elles ne ſont cependant pas la moitié de ce qu'elles devroient être relativement à l'avantage qu'il en réſulteroit. Par exemple, une Machine double de la nôtre qui auroit par conſéquent 86 pieds de long, ſur 52 de petit diamètre, n'offriroit que le quadruple de ſurface réſiſtante ; & au lieu de ſept perſonnes que pouvoit porter notre Machine, elle en porteroit cinquante-ſix ; or on peut juger quelle ſeroit leur force employée.

Quant aux Machines qu'on a cru & publié avoir enlevé avec de la fumée, & dont M. de Sauſſure a prouvé que l'aſcenſion n'étoit due qu'à une raréfaction occaſionnée par la chaleur, nous renvoyons nos Lecteurs aux papiers publics, qui en ont fidélement & ſcrupuleuſement rapporté toutes les Expériences. Nous aurions pu faire des Expériences avec ces Machines, s'il avoit été poſſible de calculer leurs forces, de leur aſſigner un terme d'équilibre, & ſi elles n'avoient point exigé une grandeur énorme pour n'enlever preſque rien, puiſqu'il y a un terme où ces ſortes de Machines avec une capacité huit fois plus grande, n'enlèvent qu'un huitieme des nôtres ; il eſt en outre prouvé que ſi le Soleil donne ſur la Machine, on eſt alors obligé d'augmenter conſidérablement la chaleur intérieure, & qu'il eſt impoſſible qu'après très-peu de moments l'enveloppe ne ſe corrode pas, & ne rende ſes conducteurs & les bâtimens des environs victimes de ſa propre deſtruction ; en un mot nous aimons mieux procéder avec raiſonnemens dans nos Expériences & courir les riſques de vivre plus long-tems.

Nous terminerons ce Mémoire ſans entrer dans une infinité de détails qui pourroient ne pas intéreſſer généralement ; nous déſirons bien ſincérement que le rapport que nous venons de faire de toutes nos Expériences puiſſe contribuer aux progrès de la Navigation Aérienne ; & nous devons aſſurer ceux qui voudroient procéder d'après les réſultats que nous avons donnés, que l'exactitude & la ſévérité dans les calculs ont été conſtamment obſervés.

FIN.

Lu & approuvé, ce 26 Octobre 1784. DE SAUVIGNY.

Vu l'Approbation, permis d'imprimer, le 26 Octobre 1784. LENOIR.

www.ingramcontent.com/pod-product-compliance
Ingram Content Group UK Ltd.
Pitfield, Milton Keynes, MK11 3LW, UK
UKHW021156230726
13926UKWH00001B/123

9 782014 463927